身边的科学真好玩

洗刷刷！肥皂

You Wouldn't Want to Live Without Soap!

第2辑

U0386383

[英] 亚历克斯·伍尔夫　　文
[英] 马克·柏金　　图
沈燕妮　王亦舟　译

时代出版传媒股份有限公司
安徽科学技术出版社

[皖] 版贸登记号：12151556

图书在版编目(C I P)数据

洗刷刷！肥皂/(英)伍尔夫文;(英)柏金图;沈燕妮,
王亦舟译.—合肥:安徽科学技术出版社,2016.6(2017.
1重印)

(身边的科学真好玩)

ISBN 978-7-5337-6972-7

Ⅰ.①洗… Ⅱ.①伍…②柏…③沈…④王…
Ⅲ.①肥皂-儿童读物 Ⅳ.①TQ648.6-49

中国版本图书馆 CIP 数据核字(2016)第 090068 号

You Wouldn't Want to Live Without Soap! ©The Salariya
Book Company Limited 2016
The simplified Chinese translation rights arranged through
Rightol Media (本书中文简体版权经由锐拓传媒取得
Email:copyright@rightol.com)

洗刷刷！肥皂　　[英]亚历克斯·伍尔夫 文　[英]马克·柏金 图　沈燕妮　王亦舟 译

出 版 人:黄和平　　　选题策划:张 雯　　　责任编辑:徐 晴 张 雯
责任校对:陈会兰　　　责任印制:李伦洲　　　封面设计:武 迪
出版发行:时代出版传媒股份有限公司　http://www.press-mart.com
　　　　　安徽科学技术出版社　　　　　http://www.ahstp.net
(合肥市政务文化新区翡翠路 1118 号出版传媒广场,邮编:230071)
　　　　　电话:(0551)63533323
印　　制:合肥华云印务有限责任公司　　电话:(0551)63418899
(如发现印装质量问题,影响阅读,请与印刷厂商联系调换)

开本:787×1092　1/16　　印张:2.5　　　字数:40 千
版次:2017 年 1 月第 3 次印刷

ISBN 978-7-5337-6972-7　　　　　　　　定价:15.00 元

版权所有,侵权必究

肥皂大事年表

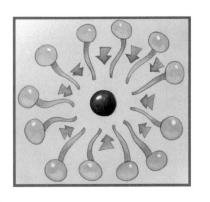

公元前2800年

古巴比伦人制成肥皂。

公元前1550年

古埃及人利用油与碱盐做成肥皂。

公元前312年

罗马的公共浴室通过沟渠引入水，并首次向浴客提供肥皂。

1200年

英国人开始大批量生产肥皂，并销售。

1608年

英属北美殖民地开始生产肥皂用以销售。

1791年

法国化学家尼古拉斯·勒布朗为其低成本制作的苏打灰——一种肥皂原料申请专利。

1823年

法国化学家米歇尔·谢弗勒尔发明了皂化技术。

1861年

比利时化学家欧内斯特·索尔维发现了一种更为廉价的生产苏打灰的方法。

20世纪70—90年代

用于洗手的液体肥皂出现了,冷水也适用的洗涤剂与餐具专用的胶状洗涤剂开始先后出现在人们的日常生活中。

1916年

德国首次人工合成了一种清洁剂。

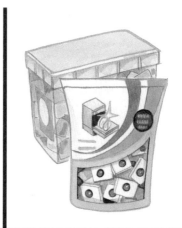

1886年

美国人约瑟芬·科克拉内发明了第一架自动洗碗机。

21世纪

一次性的清洗布、小包装可降解洗涤剂、环保洗涤剂相继出现。

20世纪50年代

人们发明了洗碗用的清洁剂。

以传统的方式清洗衣物

洗衣机发明以前，衣服都是手洗的，有几种专用设备可以为人们提供帮助。

轧布机：也叫榨水机，是一种手动设备，用于将水从衣物中挤出。

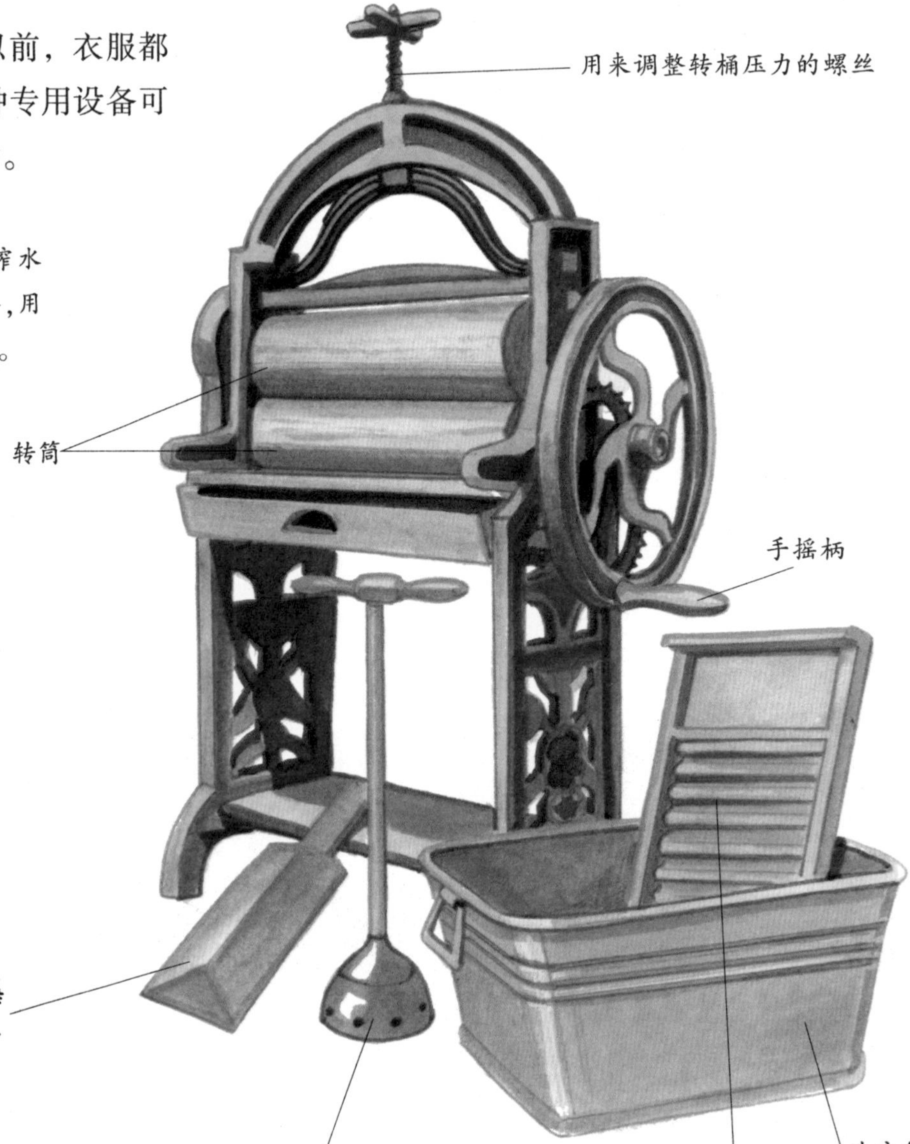

用来调整转筒压力的螺丝

转筒

手摇柄

木质短棍或**捶布器**：用来将衣服中的污垢去除。

洗衣撅或洗衣机：手洗时将衣物撅压或者混合的杆子，其圆拱形的一端是铜制的。

洗衣筒

搓衣板：一块木质的矩形板，里面嵌有一道道勾脊（木、金属或玻璃制），衣服可以在上面搓洗。

作者简介

文字作者：

亚历克斯·伍尔夫，曾在英格兰埃塞克斯大学学习历史。他创作了60多部童书，不少是历史题材，其中包括《震惊世界的日子：萨拉热窝谋杀事件》《图片中的历史：一战影像》等。

插图画家：

马克·柏金，1961年出生于英国的黑斯廷斯市，曾就读于伊斯特本艺术学院。自1983年以后，他专门从事历史重构以及航空航海方面的研究。他、妻子和三个孩子住在英国的贝克斯希尔。

目　录

导　读

你在洗手的时候，有没有想过你所使用的肥皂？为什么不简简单单地只用清水洗一下呢？到底肥皂是用来干什么的?在清洁过程中,肥皂是怎么起作用的?

在这本书中，我们将会学到关于肥皂的一些知识——它是什么？它由什么做的？它起到什么作用？我们会了解到肥皂的历史，回顾一下人类在没有肥皂的年代是如何生活的。我们也会明白肥皂的各种用途——不仅保持身体清洁，还可以帮助清洗衣物、碗碟、汽车、地毯与宠物。肥皂的其他用途也可能更让你大吃一惊。总之,欢迎你来到这个妙趣横生、引人入胜又一尘不染的肥皂世界。

我们总是**会用到肥皂**,但却很少对肥皂展开思考。要是没有肥皂，我们的世界会又脏又臭，危险重重。没有肥皂，我们洗澡的时候也许就用不了那么长时间了，但我们的身体和衣服会出现阵阵臭味。还有，细菌传播起来更容易了，我们要是生起病来要花上好长一段时间才能恢复。

如果没有肥皂会怎样？

想象一下，假如我们处于一个没有肥皂的世界会怎样——洗澡时，只能用水来冲洗，但光有水又不足以洗得干净。这样一来，我们就不得不和更多的污垢共处。细菌在人与人之间的传播比如今更容易，会在手和食物之间传播，使人们更容易患病。我们的衣物、毛巾、床单都成了细菌滋生的"温床"，厨房也不像现在这么干净，碗碟、杯子和碗架上，到处有细菌。总而言之，没有肥皂，我们的生活就不会那么健康了。

然而，肥皂并不是一直都有的。事实上，即使肥皂被发明之后，也不是每个文明社会都在使用它。人们还有其他保持清洁的方式。

"肮脏"的希腊人：古代的希腊人是洗澡的，但不用肥皂。他们用黏土块、沙子、浮石和灰清洁身体，然后抹上芳香油。他们用一种叫刮身板的金属器具来刮拭身体，把身上的油和污垢一同刮下来。

刮身板

我一直在想我们踩的是什么东西。

算了,最好还是别想了。

重要提示!

1867年的一本女性杂志上有这样一段话:"如果你想拥有一头漂亮的秀发……不要使用除了凉红茶以外的任何东西来洗头。每晚睡觉前,用它按摩头发根部。"

烟熏清洗。纳米比亚的辛巴人不用水洗头,因为水实在是太稀有了。为了洗头,他们静坐于一间充满了烟雾的房间内,直到大汗淋漓,然后用乳膏和赭石擦拭自己的身体直到皮肤发红为止。

用尿液清洗。古罗马人用小便和水的混合物(上图)来清洗衣物。小便中的成分氨起到祛除衣服上污垢的功能。在罗马时代,便壶随意摆放在街角,人们把尿液搜集起来洗衣服用。

在维多利亚时代洗头。在19世纪洗发水被发明以前,人们用各种特别的东西来洗头,包括柠檬汁、红茶、迷迭香、蛋黄等。

细菌是怎么传播的?

要理解肥皂的重要性,我们需要先来看一下微生物,因为这些微小的"侵略者"正是肥皂帮助我们加以防御的对象。微生物是小型的有机体,它们钻入我们体内,有时候会让我们得病。微生物可以分为细菌、病毒、真菌、原生动物四类。它们可以在人与人之间传播,比如周围一旦有人咳嗽或者打喷嚏,甚至是冲着别人呼吸,它们就可以在空气里传播。汗液、唾液、血液都是它们传播的渠道。对于人们而言,阻止微生物传播的最佳方式就是用肥皂和水洗手。如果我们勤洗手,定期洗澡,感染疾病的可能性就会降低。

细菌(左图)是微小的单细胞生物,可以在人体内外生存。有些细菌可以导致感染,比如咽喉痛、耳部感染、肺炎。并不是所有细菌都是有害的,有些细菌还能帮助消化。

病毒只在活细胞内生长、繁殖。它们会导致水痘、麻疹、流感以及各种其他疾病。

放心,你不会感染电脑病毒的。

当你咳嗽或者打喷嚏的时候，千万别忘了捂住你的鼻子和嘴巴。

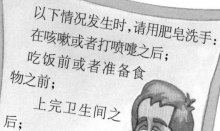

重要提示！

以下情况发生时,请用肥皂洗手:
在咳嗽或者打喷嚏之后;
吃饭前或者准备食物之前;
上完卫生间之后;
触摸过动物之后;
在外面玩耍之后。

真菌是类似于植物的有机体，从活的或死的生物体内汲取营养。它们喜欢在潮湿、温热的环境中生存。真菌可以导致皮肤感染,比如长癣(左图)。

原生动物是一种单细胞生物,通过水源(右图)或者咬人的昆虫传播。它们会使人出现肠道感染、腹泻、头痛或胃痛。贾第虫病就是一种由原生动物引发的疾病。

肥皂是什么？
它是如何起作用的？

　　肥皂由脂肪酸(一种存在于油脂中的化学物质)与碱(一种与酸发生中和反应的化学物质)混合制作而成。为什么用肥皂比光用水洗更能起到清洁作用? 原来大多数污垢都含有油脂,但油脂是不会溶于水的,所以光用水清洗是没有什么效果的。肥皂分子在水和油脂内都能溶解, 因此它既能和水结合又能和污垢结合,你在用水冲洗掉肥皂的时候,污垢也就随之被冲走了,肥皂就是这样达到效果的。

1. 既亲又疏的关系。肥皂分子的头部是亲水的(喜欢水),所以它能附着于水分子;它的尾部是疏水的(不喜水),所以能与污垢中的油脂结合在一起。

1. 肥皂分子　　　头部

尾部

1. 肥皂分子的结构

2. 胶团：当污垢和肥皂水混在一起的时候, 这个由肥皂分子聚集起来的分子簇叫胶团。亲水的头部向外,吸引住水分子,形成胶团的外层结构。疏水的尾部吸住油脂,把油脂牢牢地锁在胶团中心。

油脂

尾部和
油脂结合

头部背
向油脂

2. 胶团的结构

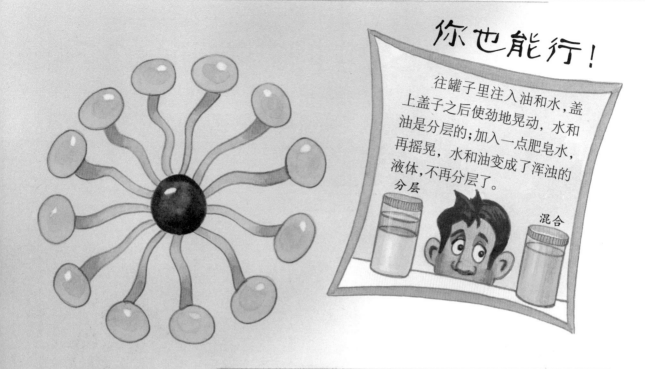

你也能行！

往罐子里注入油和水，盖上盖子之后使劲地晃动，水和油是分层的；加入一点肥皂水，再摇晃，水和油变成了浑浊的液体，不再分层了。

分层

混合

3. 包裹着污垢和油脂的胶团一起被水冲洗走

3. 将污垢冲走。

把油脂锁在胶团中心，避免与水接触之后，肥皂就完成它的任务了。当你用肥皂洗手的时候，手上的油污被胶团包住，一起被水冲洗走。

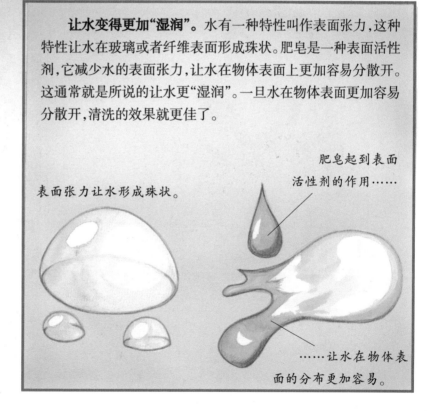

让水变得更加"湿润"。水有一种特性叫作表面张力，这种特性让水在玻璃或者纤维表面形成珠状。肥皂是一种表面活性剂，它减少水的表面张力，让水在物体表面上更加容易分散开。这通常就是所说的让水更"湿润"。一旦水在物体表面更加容易分散开，清洗的效果就更佳了。

表面张力让水形成珠状。

肥皂起到表面活性剂的作用……

……让水在物体表面的分布更加容易。

肥皂是什么时候发明的?

肥皂到底是何时被发明的?我们并不是很清楚。但是,我们知道肥皂已经被人类使用了至少4800年了。公元前1550年,埃及人就用油脂与碱性盐混合制成肥皂了。起初,罗马人也不使用肥皂,他们像希腊人一样,用刮身板和芳香油清洁身体。尽管这样,罗马人还是知道肥皂的。根据公元1世纪的作家老普林尼的描述,日耳曼人和高卢人使用肥皂,而且男人用的竟然比女人要多!

巴比伦肥皂。有关制作肥皂的最早记录来自于公元前2800年的一块巴比伦牌子,上面介绍了一种将动植物油和灰一起煮来制作肥皂的方法。

动物脂肪?灰?用这些就可以让你变干净?

肥皂这个字：根据罗马传说，肥皂这个字得名于肥皂山——一座虚构的在罗马城附近的山。当雨水把山顶用于献祭的动物的油脂和灰一起冲入台伯河的时候，在河边浣衣的妇女偶然发现了肥皂。

公元前2000年的古埃及文献中是这样向当时的人们建议的：夏天取熏香、莴苣、（一种不知名的）水果、没药，混合后给带有汗臭味的人擦拭身体，可消除汗臭味。

用这个！

肥皂的衰退。到了公元200年，罗马人已经完全接纳了肥皂，但是罗马帝国467年灭亡的时候，肥皂也不再被使用了。早期的教会不主张人们洗澡，认为这是一种异教徒的行为。人们在个人卫生上的这种观念退步，一定程度上促使了中世纪黑死病的发生。

打完仗以后，用它洗个澡真是太舒服了。

秘密技能。在中世纪末期，肥皂成了奢侈品。肥皂制作者牢牢地保守制作秘方，并把香料加入肥皂中。那时，在十字军中发明了一种叫"阿勒颇"的香皂，这种由橄榄油和月桂油制作成的香皂被十字军从中东运回了西班牙。

肥皂是什么时候流行起来的？

在中世纪后期，肥皂是一种只有富人才能用上的奢侈品。人们不常洗澡，因为有种观念在作祟——让皮肤接触水是会得病的。这个想法最早来源于历史上的黑死病时期。从18世纪末开始，人们的习惯开始慢慢地发生转变。人类在化工、着装方面的进步让普通人也可以用上肥皂，洗澡渐渐成为人们日常生活中的必行之事。18世纪90年代，随着人们在生产苏打灰——一种肥皂原料方面取得的进步，生产肥皂的工艺流程取得了重大突破。

1791年，**法国化学家尼古拉斯·勒布朗**发明了一种从盐中提取苏打灰的方法，但很不幸，他的工厂被法国大革命的革命军没收了。

伊丽莎白女王（1558—1603年在位）曾这样说道："不管需要不需要，我一个月洗一次澡。"

1823年，**法国化学家米歇尔·谢弗勒**发明了皂化技术。命运对他可是仁慈多了：他一直活到了102岁。

1861年，**比利时化学家**发明了一种用碱、石灰和盐制造苏打灰的更简便的方法，可怜的勒布朗的方法就此退出历史舞台了。

原来如此

在美国殖民地，肥皂是在秋天制造的。因为在秋天有大量动物被屠宰，会留下很多动物油脂，这些牛脂、猪油正好可以拿来做肥皂。同时，火堆里的灰和那些废弃的厨房油脂也一道被用来做肥皂。

1879年，美国制造公司**宝洁**首创了象牙肥皂，这种肥皂因可以浮起来而声名鹊起。象牙白是在制作过程中与空气充分融合而形成的。相传，这是因一名工人离开混合器时间过久而偶然发明的。

洗澡与健康。从18世纪末期开始，洗澡被人们当成一种治疗疾病的办法。从19世纪20年代开始，水疗法越来越受到人们的青睐。1829年，在利物浦出现了现代意义上的第一家公共浴室。

路易·巴斯德于19世纪60年代提出了一种"微生物学说"，找到了微生物与感染性疾病之间的关系。从此，卫生保健与日常洗澡成为人们生活中的固定项目。

肥皂是如何制作的？

肥皂里有什么?

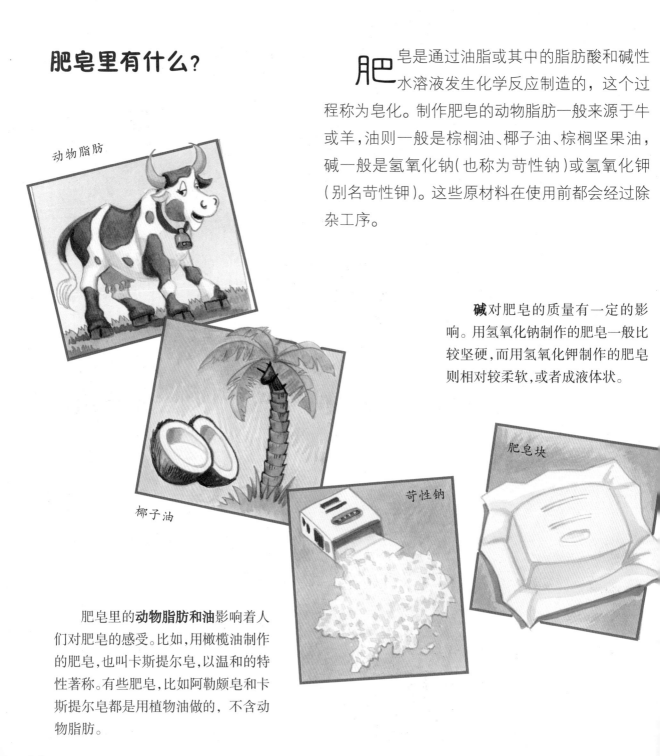

动物脂肪

椰子油

苛性钠

肥皂块

肥皂是通过油脂或其中的脂肪酸和碱性水溶液发生化学反应制造的，这个过程称为皂化。制作肥皂的动物脂肪一般来源于牛或羊，油则一般是棕榈油、椰子油、棕榈坚果油，碱一般是氢氧化钠(也称为苛性钠)或氢氧化钾(别名苛性钾)。这些原材料在使用前都会经过除杂工序。

碱对肥皂的质量有一定的影响。用氢氧化钠制作的肥皂一般比较坚硬，而用氢氧化钾制作的肥皂则相对较柔软，或者成液体状。

肥皂里的**动物脂肪和油**影响着人们对肥皂的感受。比如，用橄榄油制作的肥皂，也叫卡斯提尔皂，以温和的特性著称。有些肥皂，比如阿勒颇皂和卡斯提尔皂都是用植物油做的，不含动物脂肪。

皂化。首先,脂肪、油和碱一同被放入一个很大的水壶里煮。脂肪和油与碱发生化学反应,产生肥皂、水和一种味道甜甜的被称为甘油的物质。随后,甘油和任何未经处理的脂肪会被清除,将留下的肥皂和水再次同煮,所得的混合物分为两层。

你也能行!

做一块属于自己的梦幻肥皂:取一块塑料模具,并用食物油喷雾均匀喷洒内部;请一位成年人帮你在微波炉里加热一块肥皂直到融化;滴入肥皂染料,并且搅拌;在模具里添加部分肥皂并让它冷却20分钟;再往模具里填入更多的肥皂,冷却2个小时,一旦肥皂变硬就可以取出了。

*安全提醒:在没有成人帮助的情况下,请勿尝试。

纯肥皂。最上层是"纯肥皂"(肥皂与水);下层含有杂质。

中和作用。有些肥皂是用另一种方法制作的:脂肪和油在高压蒸汽的作用下分解为脂肪酸和甘油,脂肪酸再与碱一同加热煮出纯肥皂。

完工步骤:

混合:除掉下层,将纯肥皂和芳香剂、染色剂混合。

切割:一旦质地均匀了,混合物即被切成块状。

压模:肥皂冷却坚固之后被放进模具里冲压,成形最终的形状。

过去的人们是如何洗衣服的?

　　在过去很长一段历史中，人们在河流里洗衣服，根本没有什么肥皂。人们使用木棍或者捶布器把衣服里面的污垢捶打出来。渐渐地，表面带有凹槽的木板或石板(叫作洗衣板)取代了天然石块。在没有河道的地方，衣服是在加满热水的器皿中清洗的。沸腾的水可有效去污。"洗衣撅"或者"洗衣杵"是当时洗衣服时用来击捶打、搅拌衣服的一种杆型器具。

　　河水洗衣。河里的水流帮助人们清除、冲洗掉衣物里面污垢。在整个过程中，洗衣女也会通过搓或者把衣服甩到岩石上的办法来强化清洗效果。

　　煮练。每隔几个月，洗衣女就会用碱液浸泡的方式给床单来一次更彻底的清洁，这种碱液是由木灰配制而成的。这个过程称为煮练，要一个星期才能完成，虽然耗时耗力，但用这种方式清洗过的床单颜色洁白无比。

　　1. 把热水倒在事先撒好木灰的布料上。

　　2. 煮练盆里已经放好待洗的衣物。

　　3. 溶解的碱液从盆下的小孔流出，由另外一个桶接住。

　　4.碱液再次被加热，整个过程反复多次。

肥皂如何起到清洁衣物的作用?

在19世纪,肥皂越来越普及,成为一个人们洗衣服的好帮手。虽然许多人继续用碱液来清洗床单,但也用肥皂,主要是用来清洗那些顽固污渍。他们会在家里用灰、油脂和盐自制肥皂。当地的商店也会把一大块肥皂切成小块出售。到19世纪末,一种带包装的洗衣皂开始出售。1916年,洗涤剂紧随其后出现。洗涤剂是一种表面活性剂,像肥皂一样,它也混合了油脂和水,但它的原料是人工合成的而非天然成分。

我们总得找些什么洗洗才是啊!

洗涤剂首次出现在1916年,是由德国研制成功的。在"一战"期间,德国由于缺少动物油脂,所以才发明了洗涤剂。

但我还是怀念那些在洗衣房里"侃大山"的日子。

早期的洗衣机:第一台手动洗衣机出现在19世纪。轧布机使得干燥衣物这样的活儿更容易完成。现在,衣服在家里就可以洗了,人们再也不必去洗衣房,洗衣服变成了人们每周的例行事项。

利与弊。肥皂和硬水（包含溶解性矿物质）一同使用往往会产生渣滓，而洗涤剂则不会。但洗涤剂的成分可能伤害到皮肤——洗衣服还可以，但不适合用来洗手。

"建设者"和漂白剂。二战后，洗涤剂开始真正腾飞。一种被称为"建设者"的添加剂提升了表面活性剂结合污垢的能力；漂白剂使白色衣服看起来比以往更白了（下图）。

原来如此！

轧布机，也称绞水器，发明于19世纪的美国。摇动手柄以后，转筒压缩湿衣物并把其中的水分挤出去。

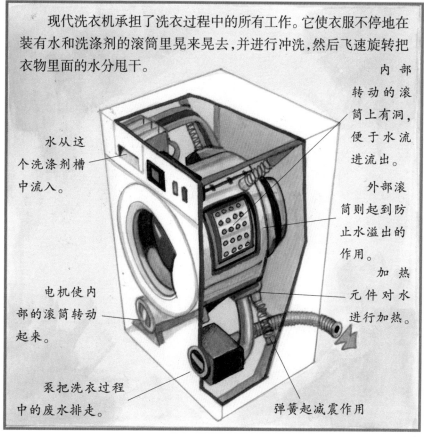

现代洗衣机承担了洗衣过程中的所有工作。它使衣服不停地在装有水和洗涤剂的滚筒里晃来晃去，并进行冲洗，然后飞速旋转把衣物里面的水分甩干。

水从这个洗涤剂槽中流入。

电机使内部的滚筒转动起来。

泵把洗衣过程中的废水排走。

内部转动的滚筒上有洞，便于水流进流出。

外部滚筒则起到防止水溢出的作用。

加热元件对水进行加热。

弹簧起减震作用

肥皂如何起到清洁碗碟的作用？

直到中世纪末期,大多数人还是将他们用过的脏碗碟运到河边清洗,有些妇人则用桶打满水运回家里来洗。到了18世纪,佣人们开始在厨房后院的石头水槽里洗碗,用的是泵来的冷水。他们会从一大块肥皂上刮取一些小碎片当作表面活性剂使用。19世纪出现了新的清洁产品,包括砂砖(早期的百洁布)和用于打磨刀具、铁器的金刚砂粉,对付那些油腻腻的碗碟则有温和细腻的肥皂。

1850年,**乔尔·霍顿**发明了世界上第一台洗碗机,这是一台手摇的设备,它能把水泼洒在碗碟上,但却没有起到清洗的功能。

1885年,**尤金·大坤**发明了一种带有一系列转动手柄的设备,这些手柄抓住碟子以后把碟子浸入肥皂水里。整个过程看上去有点吓人!

1886年,**约瑟芬·科克伦**发明了第一台自动洗碗机。与手动洗碗机相比,这台机器的动作迅速多了,而且也不会把碗碟弄碎。

洗碗机。由一台泵把水抽进机器的底部;洗涤剂配送器打开,释放洗涤剂;然后,泵把水抽入旋转的喷洒臂内,将碗碟喷湿;水被抽干后,热气流负责将碟子烘干。

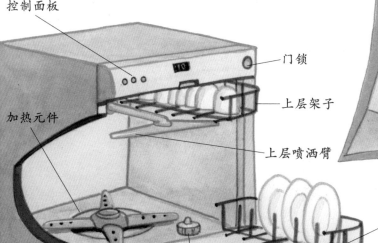

控制面板

门锁

上层架子

加热元件

上层喷洒臂

下层架子

排水管

下层喷洒臂

浮动阀
(用于控制水位)

洗涤剂配送器

你也能行!

手工洗碗:把热水倒入水槽,加入清洁剂。戴上橡胶手套,用布、海绵或钢丝球(用于清理加热后黏在碗碟上的食物)从比较干净的碗碟开始洗。

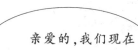

亲爱的,我们现在可是在未来啊!

算了吧,你就是不想刷碗碟罢了!

1924年,**约瑟芬·霍华德·莱文斯**发明了一种家用小型洗碗机,其设计与现代的洗碗机十分相像了。

20世纪50年代至21世纪,专用于洗碗的**洗涤剂**出现了,起初是一种粉末(20世纪50年代),后来有了液体(20世纪80年代)、胶体(20世纪90年代)和片剂(21世纪)。

洗涤剂还可以用来做什么?

分解油迹

石油泄漏可能造成环境灾难——残害野生动物,破坏海岸。消油剂,一种含有洗涤剂的化学物质,能将油污分解成小液滴,最终使之下沉、分散。

除了帮助我们洗衣服和盘子,洗涤剂也可以用来给房屋做保洁。自20世纪以来,人们开发了一系列的专业产品用来清洁不同的物体,如玻璃、瓷砖、金属、地毯和家具。但清洁剂不只用于家务活动中,它们还可以用在一些我们意想不到的地方……

1. 洗涤剂分子一端与油分子的一端结合,另一端和水分子结合。

2. 波浪有助于使石油分解为更小的液滴。

3. 液滴沉入海底,减少对环境的伤害。

牙膏。你想过是什么让牙膏起泡沫吗？这是因为它含有一种温和的洗涤剂，这种洗涤剂有助于使留在牙齿上的物质变得疏松，从而把它们分解、冲洗掉。

原来如此！

丝绸生产商使用洗涤剂来清除一种类似于口香糖、被称为丝胶的物质，它使蚕丝纤维黏在一起。丝绸被浸入苏打粉溶液和一种被称为"Orvus"的洗涤剂中，很快就能脱胶了。

你忙完之后，可以顺便帮我把汽车清洗一下吗？

消防。洗涤剂还可以产生泡沫用来灭火。作为一种表面活性剂，它们可以喷洒于燃烧的物体表面，起到隔绝氧气的作用。没有了氧气，火自然就被熄灭了。

汽车燃料。洗涤剂还常常被加入汽油中以防止汽车引擎中有害物质的积聚。这样，汽车的运行效率就更高了，尾气排放也更少了。

用过后的肥皂哪儿去了?

用过的肥皂与洗涤剂连同肮脏的、充满泡沫的废水流入下水道之后又去哪儿了呢?它们统统经过下水管道系统进入污水处理厂,经过处理之后的水又变干净并流回环境中。真希望这些流回的水不会有任何危害。

实际上,洗涤剂过去对环境的伤害是极大的。直到20世纪70年代,洗涤剂还是不可降解的——换句话说,它们不能在环境中分解。那时候,许多河流泡沫泛滥。自那时起,洗涤行业开发了可降解的洗涤剂,可这并不等于说它们就没有危害了……

怎么了?哮喘?

洗涤剂里的**磷酸盐**对藻类这种小型植物的生长有促进作用。藻类可以密布于河道表面,耗竭水里的氧气,从而杀死鱼类。

水里的表面活性剂可以对鱼类造成伤害,使鱼鳃功能衰竭。所幸的是,现代的表面活性剂分解速度很快,不足以造成重大伤害。

表面活性剂流入下水道以后,还会继续起作用。它们继续把水和油混在一起。

水藻

以前这里不是一条漂亮的小河吗?

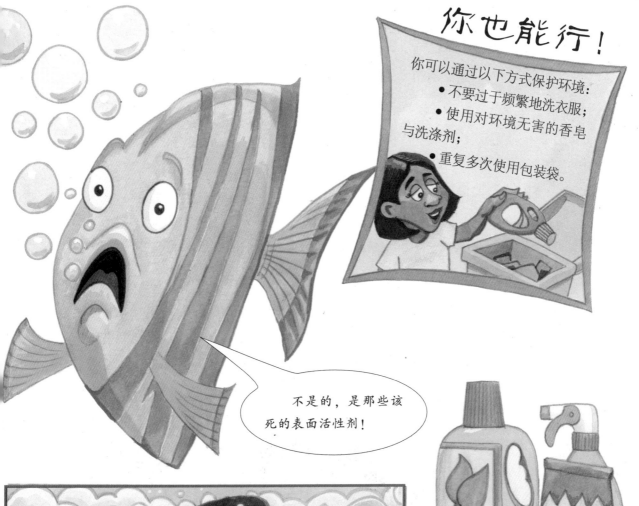

你也能行！

你可以通过以下方式保护环境：
- 不要过于频繁地洗衣服；
- 使用对环境无害的香皂与洗涤剂；
- 重复多次使用包装袋。

不是的，是那些该死的表面活性剂！

生物洗涤剂含有一种叫作酶的物质，可以清理食物污渍、汗液和泥渍。

酶可以减少对表面活性剂的需求，因而可以减少洗涤剂对环境的损害。

环保肥皂与洗涤剂内含的化学物质较少，不含香料、颜料，也不含可使皮肤产生皮疹和过敏的衣物提亮剂。产品的包装也很简单，有益于环境。

我们真的需要肥皂吗?

是的,我们需要肥皂!肥皂帮助我们减少细菌的危害,极大地提高了我们的健康水平,延长了我们的生命。我们可绝不希望回到那个不用肥皂与肥皂制品洗澡和打扫卫生的时代。你可以想象一下,去一家厨房里不用洗涤剂清洗,或者服务员不用肥皂洗手的餐厅,那该有多么倒胃口,是不是? 但是,我们会不会对肥皂的使用有点过头了呢? 除了肥皂之外,还有没有其他可以让我们保持清洁的办法了?

你可绝对不想在这样一家旋转餐厅吃饭吧!

①大鼠与小鼠

②蟑螂

③脏兮兮的茶壶和餐盘,上面还留有食物残渣。

④不清洗的台面

⑤肮脏的洗碗布

⑥满是污垢的围裙

⑦处理生肉的时候不戴橡胶手套

⑧服务员上来的菜已经凉了

没有肥皂的生活。如今，有些人已经决定不再使用香皂与香波，他们只是用温水洗澡(右图)。他们声称这样能让皮肤更好，看起来更光滑。而且，身上也没什么体味。

自然洁净？那些不用肥皂的人认为皮肤会自己产生一道屏障——分泌天然的油脂和有用的细菌。专家则认为用肥皂和温水清洗可以预防感染。

重要提示！

免洗洗手液能有效杀灭细菌，但不能清除掉所有的有机物质，并且会导致皮肤干燥，最好只在没有肥皂与水的情况下使用。

> 试试肥皂，感觉会更好的！

灰和沙有时候也可以替代肥皂(下图)。但用肥皂和水洗手还是最佳的保洁方式。

> 沙子总比什么都没有要强。

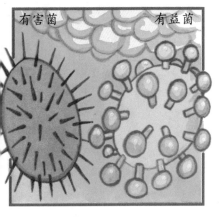

有害菌　　　有益菌

抗菌肥皂目前很受人青睐，但是很多专家称它们并没有那么有效。它们至少要在皮肤上停留两分钟以上才能起到作用；细菌还可能对它们产生一定的抗性；它们能杀死全部的细菌，包括有益菌(左)；可对病毒，它们是无能为力的。

25

术语表

Alkali 碱 一种化学物质，如石灰和苏打，可以中和酸。

Ammonia 氨 无色气体，但有一股刺鼻的气味，溶于水后使得溶液呈碱性。

Antibacterial soap 抗菌肥皂 一种含有杀菌化学成分的肥皂。

Bacteria 细菌 单细胞微生物，有些细菌能引起疾病。

Carbon emissions 二氧化碳排放 把二氧化碳释放到大气中。

Detergent 洗涤剂 一种清洁剂，它与污垢结合，使其更易溶于水。与肥皂不同的是，它不会在硬水中形成沉淀。

Emery powder 金刚砂粉 一种灰黑色的粉末，用作研磨料可以用于抛光抚平或研磨金属。

Enzyme 酶 由生物体产生的一种物质，这种物质会产生特定的化学反应。

Fatty acid 脂肪酸 一种自然产生的含有长链碳原子的酸。

Fungus 真菌 一种有机体，包括霉菌、酵母菌和菇类。有些真菌会引起感染。

Glycerine 甘油 在制皂过程中形成的无色甜味黏稠液体。

Hand sanitiser 免洗洗手液 一种凝胶、泡沫或液状的含有灭菌成分的手部清洁品。

Hard water 硬水 一种富含矿物质的水。

Hydrotherapy 水疗 在水池中做保健，有助于治疗关节炎等疾病。

Incense 香 一种胶脂或者香料，点燃后产生香味。

Limescale 水垢 在管道内、锅具和水壶内积聚的一种白色沉淀物，是由水中的矿物质造成的。

Lye **碱液** 一种由强碱,如氢氧化钾配置出的溶液,用于洗涤和清洁。

Microorganism **微生物** 需要显微镜才可以观察到的生物体。

Molecule **分子** 由原子聚集而成的原子组合。

Nausea **恶心** 一种想要呕吐的感觉。

Neutralise **中和** 使酸性或碱性物质成中性的化学过程。

Ochre **赭石** 淡黄色、棕色或红色系的自然颜料。

Organism **有机体** 任何活体

Protozoa **原生动物** 一种单细胞微生物,有着动物一般的行为,包括运动。其中有一些会导致疾病。

Pumice **浮石** 一种质量很轻的火山岩,可以用来磨除身体表面坚硬的皮肤。

Saponification **皂化** 与碱反应把动物油脂变成肥皂的过程。

Soda ash **苏打灰** 化学品碳酸钠的俗名,呈碱性,常用于制作肥皂。

Soluble **可溶的** 可以被溶解,尤指被水溶解。

Strigil **刮身板** 一种带有弯叶片,可以用来从皮肤上刮除汗渍和污垢的器具。

Surfactant **表面活性剂** 可以降低液体表面张力的物质。

Tallow **动物脂油** 一种由融化的动物脂肪制作而成的产品,很坚硬,用于制造蜡烛和肥皂。

Virus **病毒** 一种只能在宿主细胞内繁殖的微生物。

Washboard **搓板** 由脊木、玻璃或带波纹的金属制成的板,在洗衣物的时候可以用作与衣物摩擦的表面。

历史上那些最干净的人

罗马人

古罗马人的浴场很有名气，他们把这种浴场叫作温泉浴场，还把它推广到罗马帝国所有的省份中。去浴场是所有罗马人（无论穷人或是富人）的日常社交活动。

中世纪的日本人

在日本，第一个公共澡堂于1266年开业。澡堂包括蒸汽室 (iwaburo)和热水洗澡室(yuya)，非常受欢迎。

阿兹特克人

一位西班牙征服者曾这样描述墨西哥的阿兹特克人："非常整洁干净，每天下午洗澡。"阿兹特克人通常在蒸汽房里洗澡。他们用水、肥皂和草的混合物来洗，用河里的石头擦洗身体。

奥斯曼土耳其人

奥斯曼帝国(1299—1923年)的土耳其人是伟大的澡堂建设者，他们建造了富丽堂皇的巨大公共澡堂(浴室)。这些澡堂很像罗马浴场，有一个热水间、一个暖水间和一个冷水间。

古埃及人

埃及人用一种含有灰和黏土的混合物当肥皂使用。这种混合物带有香味，可以起泡沫。据说，女王克利奥帕特拉特别喜欢用驴奶沐浴。虽然也有一些澡堂，但大多数情况下埃及人是在河里洗澡的。

阿勒颇肥皂

阿勒颇肥皂,阿拉伯语叫sapun ghar,得名于叙利亚的阿勒颇城。这座城市的商业很兴旺,其最受欢迎的出口产品就是这种著名的肥皂。

倒入平底容器中冷却,然后切成一块块的正方体。接着,这些肥皂被运到地下室储藏6~9个月进行沉化。最终人们看到的肥皂是绿色的,但在沉化过程中则是黄色的。

古法制作

直到今天,这种肥皂还是沿用传统制法。将橄榄油、水和碱液放在一起煮3天,再加入月桂脂。跟大多数其他香皂不一样,这种肥皂不含动物脂肪。将制成的混合成品

温和不伤肌肤

阿勒颇肥皂不仅可以用来清洗,而且是绝佳的保湿剂。它对减轻虫咬后的疼痛和皮肤过敏也有疗效。由于其温和的质地,常用于婴儿洗澡。

你知道吗？

• 肥皂（soap）这个词来自于拉丁语sapo，sapo则可能是借用了日耳曼语saipo。

• 公元2世纪，希腊医生盖伦建议使用肥皂作为清洗产品。

• 19世纪初拿破仑战争期间，英国政府通过征收肥皂税收取了一大笔税款。有些人就在晚上偷偷地做肥皂以避免缴税。

• 当今许多在售的肥皂不是严格意义上的肥皂，它们是合成肥皂或合成洗涤剂。

• 肥皂并不只用于保洁。用肥皂擦平底锅的底部可以防止锅底留下烧火后的黑色印迹。如果拉链卡住了，可以用肥皂条沿着拉链擦，就能让它松开。把香皂装进行李箱里可以让你的衣服闻起来没有怪味。

• 目前发现的最古老的浴缸位于地中海的克里特岛的克诺索斯宫，可以追溯到公元前1500年。

• 至公元5世纪，罗马城已经有了900个公共浴场。建于公元3世纪的卡拉卡拉浴场可以同时容纳1600人沐浴。

致　谢

　　"身边的科学真好玩"系列丛书在制作阶段,众多小朋友和家长集思广益,奉献了受广大读者欢迎的书名。在此,特别感谢蒋子婕、刘奕多、张亦柔、顾益植、刘熠辰、黄与白、邵煜浩、张润珩、刘周安琪、林旭泽、王士霖、高欢、武浩宇、李昕冉、于玲、刘钰涵、李孜劼、孙倩倩、邓杨喆、刘鸣谦、赵为之、牛梓烨、杨昊哲、张耀尹、高子棋、庞展颜、崔晓希、刘梓萱、张梓绮、吴怡欣、唐韫博、成咏凡等小朋友。